数学应用漫画

冒险岛

数学秘密日记 1

晨荷与黑猫少年尼路的相遇

杜勇俊／著

九州出版社
JIUZHOUPRESS

出场人物
美狐
长尾巴的美女狐仙，在寻找一颗融合了“自然之力”的宝石。
陆晨荷
小学四年级女生。父亲在国外工作，她与母亲一起生活。在偶遇黑猫少年尼路后，她开始对生活充满梦想。
朱雨菲
晨荷最要好的朋友，经常帮助晨荷。

尼路
会说话的黑猫少年。被坏孩子欺负并受伤，后被晨荷捡到，受到晨荷周到体贴的照顾。
东方在真
晨荷的学长，偶像团体Rookie的队长，晨荷的偶像。
江道云
转学到晨荷班的新生，和晨荷成了好朋友。他的数学非常好，经常帮助晨荷学习数学。

目录

第1卷 100以内的数 加法与减法

晨荷与黑猫少年尼路的相遇

本卷学习内容

我们的生活与数字密切相关。了解、学习数字的过程，也是对数字概念的形成、数的大小、如何使用数字等的了解过程。两位数的构成，与以后将要学到的所有数的构成相似。因此学习 1 ~ 99 的数字，是以后理解自然数概念的基础。我们还要学习到，在自然数范围内，能被 2 整除的数为偶数，不能被 2 整除的数则为奇数。

第1话

与黑猫少年尼路的相遇

学习主题：50以内的数

晨荷啊，这些宝石，叫做心灵宝石。
哪来的声音?谁在说话?
左看
右看
嗯?
你面前的这些宝石，是你身边的孩子们的心灵宝石。你要好好保管这些宝石。
什么?这话是什么意思?

同时要爱护你自己的宝石，让它给周围的所有人都带来光明。

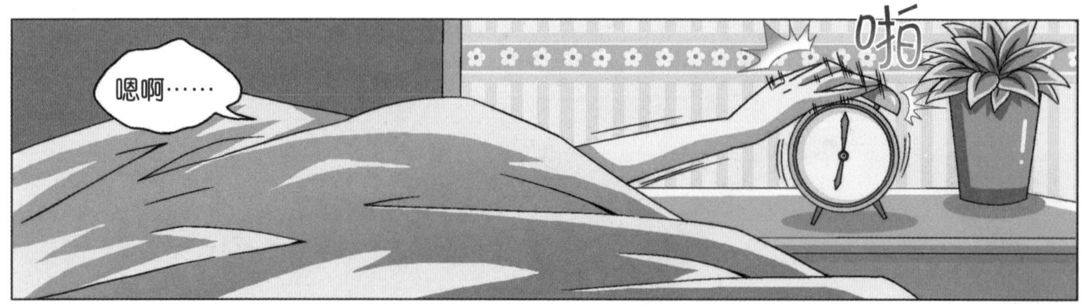

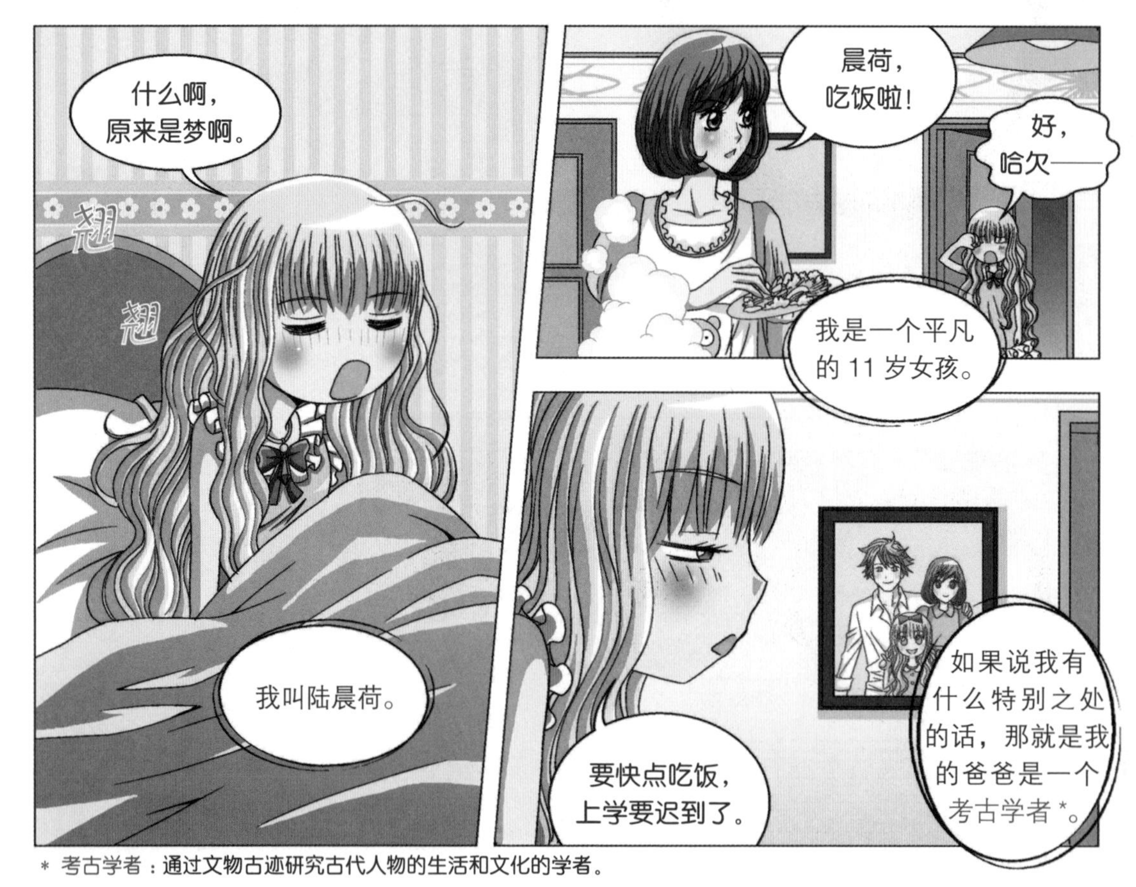

* 考古学者：通过文物古迹研究古代人物的生活和文化的学者。

这颗宝石是爸爸送给我的礼物，而他现在正在国外工作。

Gate
45
晨荷啊，你要记住，爸爸虽然人在国外，但心里仍然非常爱你啊。

这是爸爸刚从事考古工作的时候发现的宝石，世界上仅此一颗。
哇！好漂亮。
唰

爸爸的爱都寄托在这颗宝石上，它会在以后的日子里陪伴、守护你。
哇哇哇
揪
揪
爸爸什么时候能回来呢？
亲
刚才那个梦的源头，大概是这颗宝石吧。

这次过节，爸爸也忙着加班回不来，晨荷能理解爸爸吧？
嗯，虽然很遗憾，但是爸爸那么忙，我知道。

今天给我们善解人意的晨荷准备了特别的早餐——蛋包饭。
嗒

就算没有爸爸天天陪伴，我还是觉得自己很幸福呢。

谢谢，宝贝。
我要开动了！
开心
因为我有爱我的爸爸和妈妈。
啊！
哒

妈妈，蛋包饭做得太硬了，叉子都叉不进去啦！
哦哦！是火候有点过了么？

一定是这个平底锅有问题。
呃——
妈妈的烹饪水平什么时候能提升一点啊？

啊！时间到了！要快点了！妈妈我上学去啦！
好，别迟到啊。
嗖

妈妈晚上再给你做蛋包饭，是不是很期待啊？
啊，不用啦……
呃

啦啦啦
沙啦啦

灯笼小学

晨荷啊！
？

嘿嘿——
早上好！
雨菲——
啊，好困啊！
昨天晚上熬夜了吧？做什么了？
给漂亮的娃娃做衣服了！太有意思了，一不留神就深夜了。
我的朋友朱雨菲，她的梦想是成为一名时装设计师。
雨菲的妈妈就是一位非常著名的时装设计师，雨菲从小就喜欢做衣服，她长大一定能成为一个非常棒的设计师吧？
哇哇

晨荷，到学校给你看我昨天做的衣服。
嗯，好期待！

虽然，我现在还不像雨菲一样有自己的梦想——
啪嗒
啪嗒

但是，我希望以后……

能够有一个帅气的梦想，并努力去实现它。
哒
哒
哒

喧闹
熙攘

哒
是这里么？
扭头

落地
偷看
扑面而来，清新的气息！
哒
哒
唰
唰
喵——

还记不记得老师讲过，世界是由数字构成的？
记得——
记得——

我们的身体也少不了身高、体重等数字的表现形式。
嗯——上课上得好想睡觉。
瞌睡
点头

叮铃
铃铃

呀吼！下课了！
猛然

雨菲！咱们去小超市买点零食吃吧！肚子饿了——
好、好吧！

哇——还是最喜欢下课的时间！

看，这是我昨天做出来的娃娃衣服。
哇——真的好漂亮！

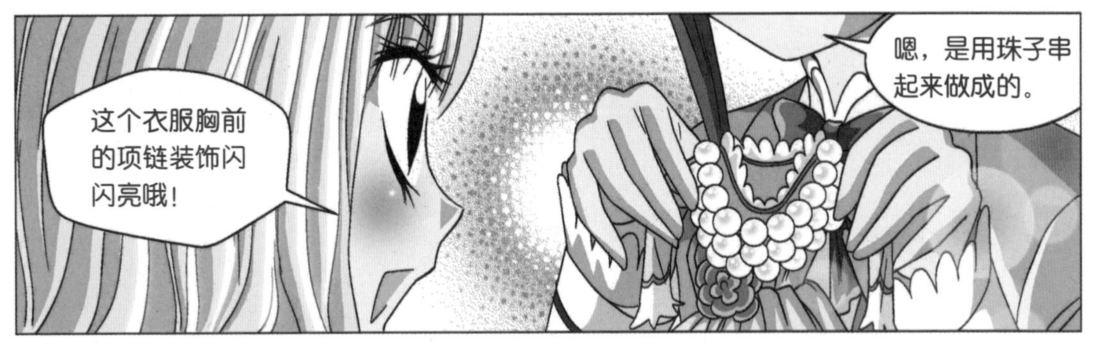
这个衣服胸前的项链装饰闪闪亮哦！
嗯，是用珠子串起来做成的。

撞
啊！
走！去小超市！

啊！雨菲啊，珠子滚落得到处都是！
可能是刚才掉到地上的时候串项链的线断开了！
滚落滚落
怎么办，珠子丢了可怎么办？
别担心，快点捡，我帮你。

小测试

数一数下面珠子的数量，并用大写和小写的两种方式写出来。

小写（　　　　　　　　　）

大写（　　　　　　　　　）

▶答案见 20 页

也不至于听不懂吧……
加油
开始找吧！一定要都找出来！
34，35……还有2颗就齐了！
34
这只贼猫咪从哪儿偷来的项链？
再戳戳，戳戳戳——
噜
呜
嗯？他们在干什么？
欺负这只猫真有趣！喂！
嘿嘿！

呼噜噜
那只猫在被坏孩子欺负！

该怎么办呢！那只
小猫好可怜！
东张
西望

老师！那几个
同学在欺负一
只可怜的猫！
老，
老师？

快跑快跑！
哒哒哒
哈！
哈！骗你们的，
根本没有老师
在这里——

是一只年幼的
小猫呢。你还
好么？
挠
啊！
啊！疼！
呼噜噜

测试答案 25；二十五

呼噜噜！
你看起来好像很害怕呢。
呼噜噜
好可怜的小猫哦，脸受伤了呢。

被人类欺负了很多次的小猫，一定很讨厌人类。
转头
！
你在干什么？
喀嚓
我给这只可怜的小猫拍了张照片，将这张照片刊登在学校摄影协会的刊物上，大家应该就不会再欺负它了。

你好，我是今天刚转学过来的转校生，现在还不是摄影协会的成员，哈哈哈！
转校生？

虽然你帮助这只小猫是件好事，但是看起来它好像也很害怕你呢。所以你对它好也没有用。
怒
什么？

不会的！这只小猫只是现在有点害怕，只要我对它好，它会明白的。
喵嗷嗷

喵呜！
挠
挠
啊疼！
看吧，我说什么了。

呼——

等我一下哦——
哒
哒
哒
这么快就放弃了么？
我才没放弃呢！雨菲啊，你的牛奶借给我吧。
嗯？好、好吧！

星星眼
惊吓
天啊，这里竟然有一只小猫！好可爱！

嘿嘿嘿——我有一个好的点子。
？

哗啦啦
我看啊，这只小猫应该不会那么容易去喝牛奶的吧？
不会的，爸爸告诉我，只要付出真心，就会有回报。

我不会像刚才那些坏孩子一样对你的，所以不用担心哦。
呼噜噜

现在不会有人欺负你了呢。

这个女孩看起来很开心，好像自己喝到牛奶似的呢。

……

不知不觉就拍了这张照片。

"女孩与流浪小猫"，好温馨的画面。
思索

感动

沙沙
沙沙

噔噔噔噔！我们把这件衣服给小猫穿上吧，我的设计不错吧？
展示
嗯？你说什么？
雨菲啊，你的眼神！
一定很适合你的！
喵呜！
来，把这边的腿塞到这里！
咣
咣
咣
喵呜喵呜！
呜呜——
扑棱
真不错呢！太可爱了！刚好合适！
咣当
站住，吼吼吼——
哈哈哈——
雨菲一直就非常喜欢动物，所以一看到动物就有点兴奋。
这女孩本来就是这样的么？

喵呜喵呜！
啪
啊！那么可爱的
衣服怎么不穿呢？

你不喜欢吗？
是因为衣服不
够漂亮么？
好像不是因为
这个呢。
握拳

猫咪呀，我
下次来给你带更
漂亮的衣服！
走吧，回教室
啦，雨菲。

差点出大
事……

喵呜

……

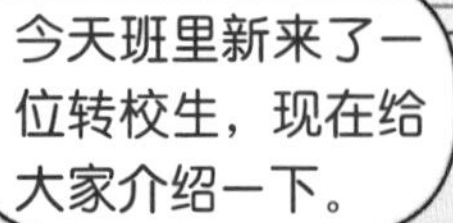

我非常喜欢拍照。我的梦想是成为一名摄影师。

啊，怪不得一直
拿着一个相机。
精神
新来的同学好
阳光呢！
正是受大家
欢迎的阳光
类型！

让道云同学坐在哪里好呢？
老师！这里！让他坐在我旁边吧！
精神焕发

看起来大家非常欢迎道云同学呢？好，道云你就去坐在雅琳旁边吧。
哇——
哈哈——
嘿嘿——

我叫章雅琳，很高兴认识你。
谢谢。

一会儿下课的时候，一起去看小猫咪吧。
耳语

转头

微笑

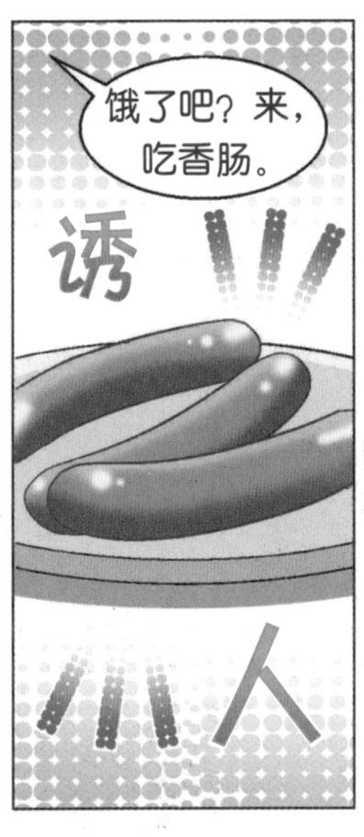

饿了吧？来，吃香肠。
诱
人

！
好香的味道！
滴落

这次吃得很香呢。
我要用照片记录下来。
喀嚓
喀嚓

你也喜欢猫咪么？
应该比你更喜欢一些吧。我拍了很多猫咪的照片。
喀嚓
给我看看？
……

陆晨荷人缘这么好？新来的转校生居然都跟她这么熟？
真讨厌！

叮铃
铃铃

好，扫除做好了，大家放学回家吧。
哇哇

雨菲，拜拜！明天见！
嗯，拜拜！

啦啦啦啦——

沙沙
啦啦啦啦——
喵。

啊！
惊讶
你怎么在这里？
你是跟着我来的么？
一只黑猫！
不知为什么这只黑猫看起来有点可怕。
嗖嗖
啪
喵呜——
不要！

不要打它！
猛
然
我、我们只是……
呃，咱们走吧。
……
哒哒哒

你还好么?

外面危险，我们回家吧。

……

忍一忍，我帮你处理一下伤口。

嘶

还好，伤没有想象中的重，真是万幸。

那些人对这么小的猫咪竟然如此粗鲁……

!
滴落
激灵

泪汪汪
一定很疼吧！

!

泪流满面

滴落

啪
啪
啪

吃
惊

啪
啪
啪
啊啊！
这、这是什么？
嘶
嘶
呃嗯？

＊点化：此处指让人在某方面突然醒悟。

平时以猫咪的样子生活，被点化后就会变成人的模样。
我是有着凝聚“自然之力”蓝宝石的太阳一族。
喂喂！警察局吗？这里有一个奇怪的人——
搭
我说，你要听我说啊。
你看这个伤口，总该认识了吧？我啊，是我。
啊，这个伤口和刚才的猫咪一样呢。
不、不可能。你真的是刚才那只猫咪？
握拳
当然是了，如果刚才我是这个样子，肯定不会被那几个小屁孩欺负的。
还有，你那个给我穿奇怪衣服的朋友！真是受不了她！啊啊！
愤怒
愤怒
你——果然是刚才那只猫咪，没错了。

我们被赋予“蓝宝石”之力的太阳一族，比人类拥有更多的力量。
哦，好吧。
那个，我需要你的帮助，一起守护宝石。
嗯
？
在我们那里还有另外一个种族，叫斯普利特族。
斯普利特族？
嗯，是一个拥有非常可怕力量的种族。
他们平时化作狐狸的模样，是非常邪恶的种族。

＊封印：不会轻易被揭开的一种禁锢，指对某个单位施加力量，使其无法正常使用某些能力的本领。

但是，随着时间的推移，封印的力量变弱，善与恶的世界之间开始互相流动。
竟然会这样？
斯普利特族人贪图我们的宝石，因为宝石能让他们的力量更加强大。目前，以我们的力量是不足以阻止他们的。
……
指
所以，为了保护这颗力量宝石，我需要内心纯洁的孩子的帮助！这个孩子就是你！
嗯？
呃呃，我一定是在做梦。
倒下
呃—
瘫软

喂！你晕倒了么？
天旋
地转

哎，对这个女孩来说，这么大的事情，需要时间去接受。
她真的能帮助我们么？

还是相信她吧！
微笑

哈啊啊——睡得真香。
懒腰

啊！
停住

放开我！
啊！
挠
挠
看吧，果然只是一只普通的小猫！我不过是做了个可怕的梦！呜呜！
大哭

总之一句话，昨天晚上的事情并不是梦。
不要啊！
啊啊啊啊？
我现在是直接用念力和你对话。为了方便，我才化作猫的模样。

无论如何，我们现在非常需要你的帮助，以后就拜托了。
我、我只是一个平凡的小学生。我能帮你们什么呢？
还有，这件事情不要对任何人说。
否则，你会变得非常危险。
呃呃……
我叫陆晨荷，是一个平凡的小学生，可是我身上突然……
有了一个秘密……
啊啊
一个非常大的秘密……
我能跟着你一起去医院么？上次去了一趟，觉得很有趣。
不行！绝对不行！
哼，这么快就拒绝我。

不过话说回来，你是不是迟到了啊？
鄙视
刚才闹钟太吵被我关掉了。
啊啊啊！今天妈妈出去得早，也没有喊我起床！
抓握

叮
铃
铃
迟到了！
有一只男孩子变的猫咪需要我的帮助，这么大的秘密我要怎样守住啊？
哒
哒
哒
哒

但是……

为什么我的心跳得这么厉害呢?

就好像期待去写我的秘密日记……
那种感觉。

嘶
嘶

闪耀

熙熙
嗯？
攘攘

发生了什么，
有事故发生么？

呃啊啊啊
……

什、什么？
来了！
来了！
哇哇哇

刹车声

要出来了！
啊啊！

那么……
哒
看起来好像是有
明星要过来了？
难道是？
微笑

啊啊啊啊啊！
在真哥哥！
东方在真哥哥
是最棒的偶像
歌手！
在真哥哥！
哥哥！
看这边！
天啊，
太帅了！
终于见到
哥哥了！
啊啊啊啊啊！
东方在真是最近
最具人气的偶像
组 合 Rookie 的
队长。

再加上他也在我们学校读书，大家都非常喜欢他。

……
……
崇拜
崇拜

转头
啊！道云。
一大早的怎么这么吵？

？东方在真！
说他在我们学
读书，原来是
的。

嗯，虽然日程排得非常满，但是他仍然尽可能地来学校上课，真是了不起啊——
嗯哼。

你的脸红了。
嗯？是、是么？
惊

热、热了吧？哈哈哈——
你也喜欢东方在真啊？

什么？
哼，我还以为你和别人不一样。

明星都不记得你，你还那么喜欢明星，真是傻呢。

大怒
什么？你太过分了！
哼。

？
快道歉！
追追 打打
快道歉啦——
我说错什么了么？

给，你的签名。
哥哥——
谢谢你！

你真是。
陆晨荷？

!!!
晨荷啊！
转头

啊！
是晨荷吧？

在真哥哥！

啊！
原来他们认识？

果然是你啊！

好久不见了呢。这些年一直都没怎么见到你。
嗯，你还好吧？

在真哥哥是小时候和我一起长大的邻家小哥哥。

自从他搬家后，我们就没见过面了，但那时候我们真的是非常好的朋友。
晨荷啊，今天也一起玩吧。
嗯！
我们两个人都没有兄弟姐妹。
我们玩什么呢？
唱歌！在真哥哥唱歌给我听吧！

昨天不是给你唱了么？
在真哥哥的歌无论听多少遍都好听呢。

真是拿你没办法。好吧！
摸头
嘻嘻

啦啦啦
全世界我最喜欢听在真哥哥唱歌了！
在真哥哥的歌最好听……

在想什么？
嗯？啊，没什么！
惊
还像以前一样容易走神啊？
摸头
嘿嘿——
在尼路出现前，认识在真哥哥的事是我的第1号秘密呢！

摸头

晨荷真是个追星族呢！
我要去教室了。
嗯？
？

你认识他吗?
转头
嗯——认识。
……
现在心里都被黑猫这个沉重的秘密填满了呢。

以后还会出现别的什么秘密吗?

50以内的数

测试 1

晨荷给饥饿的尼路准备了10根香肠，请在下面的盘子中画香肠，直到画够10根。

测试 2

雨菲为了给尼路做衣服，买了一些蝴蝶结。请数一数一共有多少个蝴蝶结，并用大小写分别表示出来。

⇨ □ 个，大写（　　　　，　　　　）

答案见第135页

测试3

晨荷数着手指头，等着与偶像东方在真见面的那一天，下面是晨荷在等待在真哥哥的时候数着日子写下的数字。请填写空格，让数字顺序正确。

1	2	3	4	5
	7	8		10
	12	13	14	
16	17	18	19	20
21	22		24	25
26	27		29	30
31	32	33	34	
	37	38	39	
41				45
46	47	48	49	

宝石精灵的诞生

学习主题：100以内的数

哥哥，那女孩是谁啊？
啊，哪个？
哥哥。

在真哥哥……
激动
崇拜

晨荷追星的样子好幼稚呢！
自言自语
嗯——

* 不寻常：不一般并且有些特别。

不寻常的气息？是斯普利特族人出现了么？
这我也不清楚。

你到底怎么回事？到底有没有弄清楚事情的真相啊？
发怒
我就是为了弄清楚真相才过来的啊！
嗷嗷嗷

你这只猫！哼！
呃！
突然

晨荷，你……
呃！老、老师！

马上就上课了，怎么还在走廊逗留？
对不起……
还有，你怎么把猫带到学校来了……
喵？

好、好可爱啊——
嗯？
嗯哼——
老、老师！对不起！这只猫我得带走……
啊！
喵呜——
天啊——好温顺啊，太可爱了！

这么奴性地撒娇，你到底有没有自尊心啊？
吐舌
撒娇有时候也是一种生存之道嘛！

把猫咪放在外面也不安全，先带到教室去吧。
是。
来，先在书包里待会儿。
伸
呃——好挤。

去教室后你可要规矩一点哦。
放心吧！
走吧，今天有数学考试，抓紧时间。
什么？数学考试？
对了，数学考试！今天要考试啊！
呃啊啊

同学们，都知道今天要考试吧？
知道。
考试不难，大家认真点儿答。

一点儿都没复习呢……

就因为这只奇怪的猫突然出现，害得我一点儿都没复习。
怎么说是因为我？

你自己不是应该提前做好预习和复习么？
难住

呃——一道都不会。
真奇怪，一遇到数学问题就冒虚汗，肚子疼呢。

啊——数学考试
快点结束吧。
叹气

嗯——

这次数学题没
有那么难，太
好了。

道云同学数学
学得怎么样？

刚转学过来就考试，
不会觉得吃力么？
不同学校的学习进
度有可能不一样吧。

猛然
不能让他
超过我！

雅琳，有什
么问题么？

没、
没有！
？

＊拒绝：不答应。明确地表示不愿意做或不愿意。

你试着把数学想象成是一个很亲近的朋友。

很亲近的朋友？

与数学亲近以后，就不会感觉到不舒服了，成绩也会慢慢提升上去了。
真的会这样么？
哎哟

我以前也是很不擅长数学的，认真学习以后，成绩就提高了。我教你吧。
啊，真的？

谢谢你！
开心

不要！
发怒

等等，先别走！我有东西要给你们。
推
嗯？

看了我的杰作，他们会被吓一跳吧？

＊妨碍：使事情不能顺利进行，阻碍。

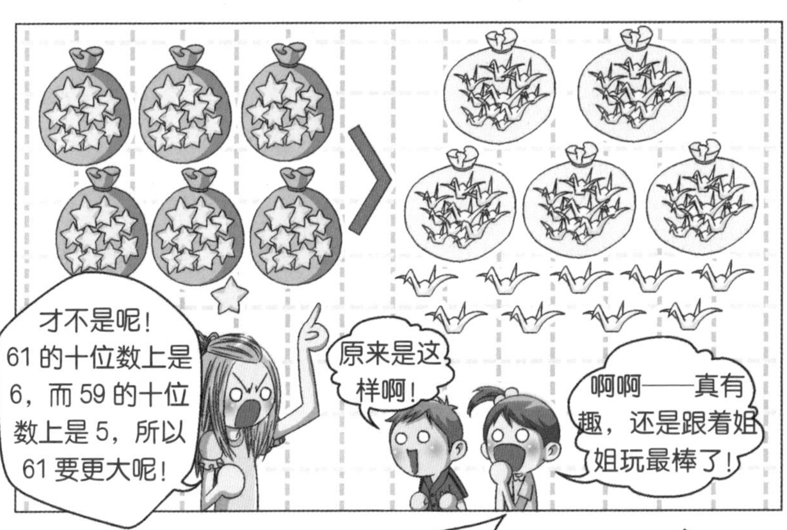

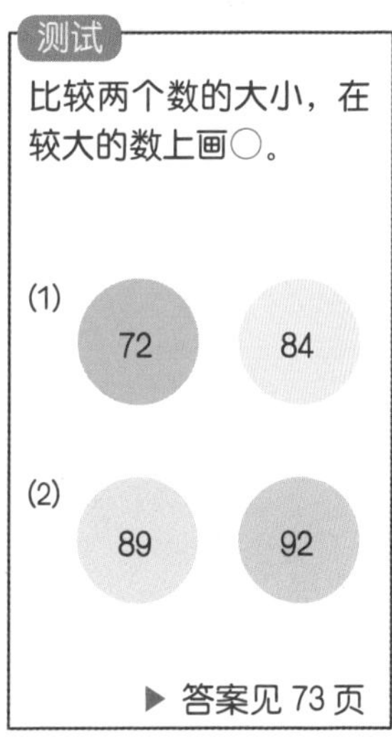

测试

比较两个数的大小，在较大的数上画○。

(1) 72　84

(2) 89　92

▶ 答案见73页

所以最后虽然没有折更多……
吞吞吐吐
但我还是折好了这59个纸鹤和61个纸星星！
给你
这一瓶送给道云同学。
给我的？
这是我用心做的包含心意的礼物呢。
这么多！谢谢！

测试答案 （1）在84上画○（2）在92上画○

嗯？你说纸鹤比纸星星折得多？
愣
住
不是的！昨天晚上弟弟和妹妹一直在问我数字的问题，造成了我今天的口误啊！
她说 59 个纸鹤比 61 个纸星星要多呢？
不是的，这是因为我弟弟算错造成了我的口误。
哈哈
哈哈
你是在拿弟弟当借口么？
嘿嘿

呃呃呃，我说不是了！
怒火
中烧
雅琳，我正准备教晨荷数学，也一起教教你吧。
呃啊啊——算了！我不用教也很好！
呃啊

咳
啊啊！太丢人了，真是太丢人了！
嗯——好吧，知道了。
雅琳啊，你不喜欢和我一起学习么？
呃啊啊

不要！我绝对不会和你一起学习数学的，不要再问了！
哒哒哒
雅琳啊——
跑出去了啊。

其实不需要因为数字上的失误而觉得害羞呢。话说回来，雅琳怎么折了这么奇怪的数量啊？
就是啊，也没有到 100 个……

呃啊！太丢人了！果然应该折到 100 个的啊……

雅琳啊——
好像没有跑远吧？

也不在这边。
嗯——
太丢人了，得躲起来。

在男同学面前这么丢脸。

我为什么不能像晨荷一样大方呢？

呃——

好羡慕晨荷。
忽然

不行！这么脆弱他们会瞧不起我的！
握
拳

我在这里！
啊！
忽然
我只是出来上个卫生间，你们在找我啊？
可是，刚才我看到你慌慌张张地跑出去了……
找到了就好。

没关系。我本来恢复就很快呢！
有人妨碍就一把推开好了。

哈哈哈！
哼
？

虽然很感谢你教我数学，但是中午吃饭的时间也要这样学习，是不是太过分了？
嘤 嘤
吃完午饭不是 有 10 分钟的休息时间么？

我们把它变成有趣的数学课，怎么样？

不学数学，我的人生也是很有趣的。
在我看来，你的数学应该更努力一些！
给我安静点！
啪

我们先从数学习题册开始吧。晨荷你要从最基础的习题册做起呢。
嗯？我有习题册，这是奥数习题册。

奥数？那个我解起来也有点难呢。

书店的叔叔说这个卖得最好，才推荐给我的。

一道题都没有做啊？
哈哈——比想象中要难呢。

习题册不是越难越好啊。首先要从简单容易理解的习题开始，才能与数学更快地亲近起来呢。
啊——原来是这样啊。

没有最最最最基础的习题册么？基础的对你来说也非常难吧？

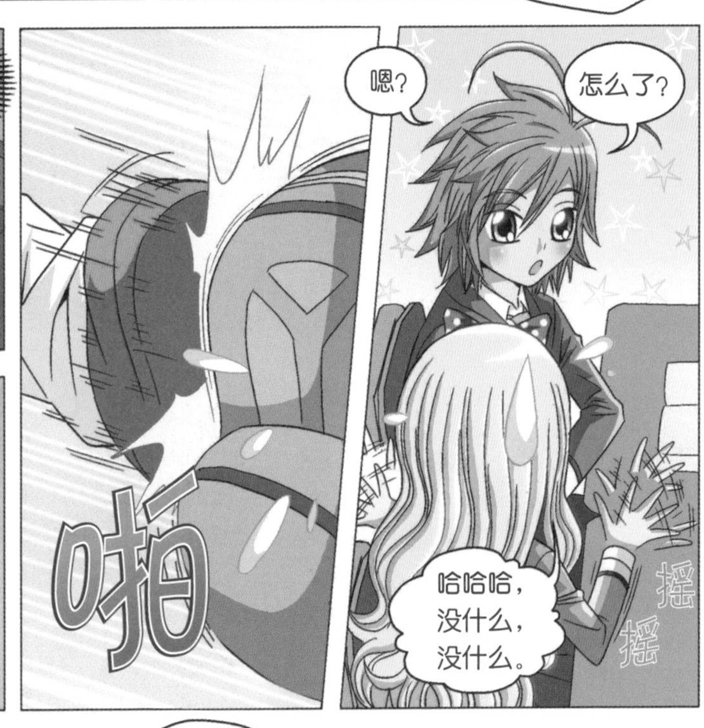
啪
嗯？
怎么了？
尴尬
哈哈哈，没什么，没什么。
摇
摇

不管怎么说，你这么认真地教我，真的很感谢你。

学习数学好像也挺有趣呢。

叮铃
铃铃
放学啦！
回家喽！
雨菲啊，我要去书店买习题册。
嗯，我今天要早点回家，我刚刚买了一个新的衣柜。
我为了给猫咪做衣服，兴致勃勃买的衣柜！今天怎么没有看到那只黑猫呢？
突然
是吗？
挣扎
喵呜——
那我先走了！
嗯，明天见！
你再不听话，我就把你丢给雨菲了！
瞪
你说什么？

所以说，让你
听话一些嘛。
书店
你们把我当
普通的宠物
猫了吗？

我可是伟大的
太阳一族！
知道啦。我
在看习题册，
你安静一点。

习题册要挑难易适
中的，这样才能更
容易喜欢上数学。
嘿嘿

你是要买幼
儿园的数学
书吗？
吵死了！

还要买一
些概念问
题的书。
挑
只买那些基
础问题习题册
就好了。
还要再买
一些……
我要努力！
挑
捡
这么多书你
要什么时候
看啊？

哔
哔
我就知道会这样！
是不是买的有点多了？零花钱都快花光了。
书店
天色暗下来了呢。在书店不知不觉过去这么久了。
好闷啊，终于出来了。
哒

我们赶快回家吧！
为什么？
天黑的时候，斯普利特族人的力量会更强。
什么？
哎呦，本来我都已经忘了这件事了，又开始了。
这里只是一条很平常的街道啊，更何况，我并不相信你说的那些呢。
你要一直都警惕一些才好啊。
嗯——

你说世界上有
九尾狐……难
以置信。

会说话的猫
你就可以接
受了么？
那、那也不
是……

可是，就算
这样我又能做什么
呢？我又没有超能
力，只是一个平凡
的小学生。

嗯哼——

不知道你是怎
么点化我的，反
正我们走一步看
一步吧！
呃——

话说回来，
这些习题册好
重，你快变身
帮帮我吧！
喵嗷
我又不是
挑夫！

我可是
伟大的太阳
一族！
怒
帮帮我还
不行么？

嗯？
需要帮忙么？
什么？
看起来很重呢。
沙
沙
是个帅哥呢。
捡
捡
微笑
现在好些了吧？

天都黑了，回家晚了吧。
啊——是。谢谢你。
终于不来烦我了。

嗯，买了一些习题册，所以晚了。
哇——你看起来很用功呢。

停住
啊！
查看
尼路，你怎么了？

周围气氛突然变得凝重。
嗯？

还有温度……

啊！
咻
快、快跑！

嗯？怎么
突然……
你旁边的
那个人！
让你快跑啊！
嗯？

抓住
吼吼。
快点跑！
想逃没那么
容易。
这、这声音。
啊！
抓紧
你、你快放
开！你要干
什么？

吼吼吼——终于找到了！
突然
尼路！这个……
是斯普利特族啊！
有九条尾巴的斯普利特狐族啊！
哦吼吼吼吼吼吼！
砰砰砰砰

站在你旁边那个人也是坏人啊！
吼吼吼！好久不见了，尼路。
斯、斯普利特？
啪
怎么可能让你那么容易拿到？
隆隆隆隆
今天，你的宝石是我的了！
嗷嗷

哈啊！
怎么！被点化过了？什么时候的事？
啪啪啪啪
隆隆隆
是这个女孩子点化的你么？她看起来很平凡啊。
呃……
抖抖
不管怎样，休想让我把宝石给你！如果想要，就尽管过来吧！
哗哗哗
哼！虽然和计划中不一样，但也不能就此退缩。

交出宝石吧！
哗 哗哗哗哗
呃啊！
啪 啪
别担心，他这水平打不倒我的！
尼、尼路！
呃啊啊啊……
呼呼呼隆
哈啊！
啪啪啪啪

呱啊啊啊
呱呱呱
呃啊！
哒哒
被点化后竟然强到这个程度，宝石的力量果然很厉害。
看到了吧？我的宝石你休想轻易拿到！
呼呼呼隆
呱呱呱呱呱呱
呃！
哒哒

果真如你所说，你的宝石不是那么好夺呢！
是吧？所以还是知难而退吧！
可是……
你可别忘了，我也是被点化过的！
呃啊！
吼吼吼！和你战斗应该很有趣，但是……
啪啪啪啪
哒哒
这次我要攻击的是这个点化了你的女孩子！
啊！

住、住手！
请不要动。吼吼吼！
啊啊！

呃啊，刚才用力过猛，现在宝石的力量变弱，使不出力了！
减弱

嘿哈哈哈哈！
啊！
哒哒哒哒

如果这个女孩消失了，你的点化效果也就不存在了！

不要！
啊！
啊啊啊啊啊

爸爸……

我该怎么办？
爸爸……
光芒四射

光芒四射
呃呃！
呃啊！
啪啪啪
怎么！哪里来的强光！
难道是这个女孩？

光芒万丈
这、这?
这个女孩竟然能发出这么强的光!
晨、晨荷?
滑落

施法
呃啊啊！你这个样子可赢不了我！吃我一招火球术！
燃烧

你不可能撑得住我这一击的！
燃烧灼热

晨荷啊！
哒哒
光芒
不要！
眼泪滑落

光芒万丈
凝结
啊啊！竟然挡住了我的火球术的攻击，不应该啊！
宝石？

光芒四射
万丈光辉
呃啊！
太、太亮了！
好刺眼！
变身
呃啊！我的
点化效果消
失了。
呃呃！
呃——这光芒
减弱了我们的
力量，不能在
这里久留了。
我们先撤吧！
跳跃

等着瞧！虽然今天失败了，但下一次我一定要把你的宝石夺过来！
跳跃
都被打跑了还嘴硬！
转
晨荷啊，你还好么？
碰触

你能出来么？现在
可以出来了。
……
破碎
你，是怎么
做到的？
落

狐狸呢？
他们跑了，
你没事吧？
我做了个梦，梦
到了刚刚遇到你
的时候……
女人的声音……
晨荷啊。
这个
声音是？
这、这是在
梦里……
请你帮帮我！
尼路有危险，
我也……

现在没事了。
你的宝石可以
让坏人的力量
变弱。
宝、宝石？

晨荷你有一颗很特别的宝石。
这条项链是爸爸给我的礼物。它竟然有强大的力量？
刚才我的项链发光了，你是说这个么？
梦、希望、力量……你想得到的所有东西都在你的身体里。
为什么我身上会发生这样的事情呢？以后会怎么样，请告诉我！
在你的身体里，蕴含着很多能量。
什么？

你要相信自己，这样才能赢。
这、这是什么意思呢？

只要相信你自己就对了。
啪
这话是什么意思？能量都在你的身体里？
就是说啊……

最重要的是，这个声音给了我力量……
给了我……
晨、晨荷啊！
虚脱
啊啊，这到底是怎么了？
嗯？

好厉害啊。
这是刚才那个光芒留下的痕迹么？
咚
那么强的光，我从来没见过。
咚

* 命运：事情预先注定的进程，指生死、贫富和一切遭遇等。

第二天
呼！还好没有迟到！雨菲啊，早！
哈哈哈
哒哒哒
嗯——早上好！
啊，又是因为怕迟到一路跑过来，嗓子要冒烟了，好渴。
咕嘟
咕嘟
晨荷啊，你听说那件事了么？
昨天这附近，不知道发生了什么？发出了非常耀眼的光呢。
噗哧
哈哈哈，抱歉。
哎呦，怎么还喷水了？慢点喝啊。
总之你是没看见吧？就像火光一样，突然散发出刺眼的光芒来。
是、是么……

*UFO：指不明来历、不明空间、不明结构、不明性质，但又飘浮、飞行在空中的物体。

合上
大家想知道真实情况么？

是什么，是什么？我们都想知道！
我一点都不好奇。

拿出
我昨天拍到了现场的照片。

呃啊啊！什么？
晨荷你怎么啦？

快给我看看！
给。

啊！不要！

等、等一下！
你干嘛啊？
抢走

啊——

果然，你还是很好奇的，想第一个看到吧？怎么样，神奇吧？
啊……嗯。

呼——我还以为拍到我的脸了呢。
嗯？

这是什么东西啊？怎么看不明白呢？

就是呢……

好像真的不是这个世界存在的东西，真神奇。

住在这周围的人说，昨天看到有一个女孩和一个男孩在这里停留。
啊！谁看到了？
听说，那个女孩比男孩要抢眼多了，有个很大的宝石项链……
哈，哈哈哈……
摸摸
还有，你看一下这个照片里的痕迹，看起来也像是一颗宝石吧？
汗
啊？啊？
这么一说，看起来好像是呢……哈哈哈哈——
哦。网上已经有昨天这件事的新闻了！还给这个女孩取了名字。
吃
惊
名、名字？
新闻题目叫“宝石精灵的痕迹”！宝石精灵这个名字怎么样？听起来好像漫画主角的名字呢！
HOT!
宝石精灵的痕迹
啊？

宝石
精灵的
痕迹
宝石精灵?
噗哈哈！说你是宝石精灵！不是迟到大王？嗯！
啪
哈哈哈哈——
哈哈，我要把这张照片发给学校报社，一定是头条！
啊哈哈，是、是么。
昨天的事情怕是闹大了，是吧?
悄声
当然了啊！这么大的动静，人尽皆知了。
是不是一有大事发生你就晕倒啊？昨天我把你弄回去花了好大力气。
可是，我清醒过来的时候都已经是早上了，那些事就像梦里发生的一样。
对不起啦——作为补偿，给你吃香肠。
哦——香肠！

吧唧
希望宝石精灵能再次出现，这种头条照片可不是那么容易拍到的。
哈哈，是呢。
宝石精灵！快出现！我会好好拍你哒！
哈哈。

晨荷，你觉得这个“宝石精灵”是人类还是外星人？
嗯？

这个，外星人有点夸张……应该是人类吧？

这你们就不知道了！
虽然叫她精灵，但是也可能长得非常难看呢。
原来是这样啊——

怒
不是的！不是！
嗯？怎么？你怎么了？

宝石精灵还会出现么？
啊！

如果下次再出现，还会以宝石的模样出现吗？
就是，她会不会是在向我们传递什么信息？

怎么办？
嘈杂
人声
呃——
你一夜成名啊！
严肃

怎么办，我又有了一个大秘密……

为什么越往后越有
大事发生啊?
嘿
嘿
嘿
嘿

嘿嘿嘿——

美狐和X君出现在了晨荷的学校！
他们跟到这里，是要做什么呢？

100以内的数

测试 1

在道云的帮助下，晨荷很努力地学习数学，参加考试拿到了下面这个分数，请分别用阿拉伯数字和汉字写出来。

（　　　　　　，　　　　　　）

测试 2

雅琳折了一些纸鹤和纸星星送给同学后，她又折了许多纸鹤和纸星星。那么，是纸鹤多，还是纸星星多呢？

（　　　　　　　　）

答案见第135页

测试3

晨荷的爸爸送给晨荷的宝石项链，帮助她抵挡了斯普利特族的攻击。下面是宝石的图案，请将宝石周围的数字按照顺序连接起来。

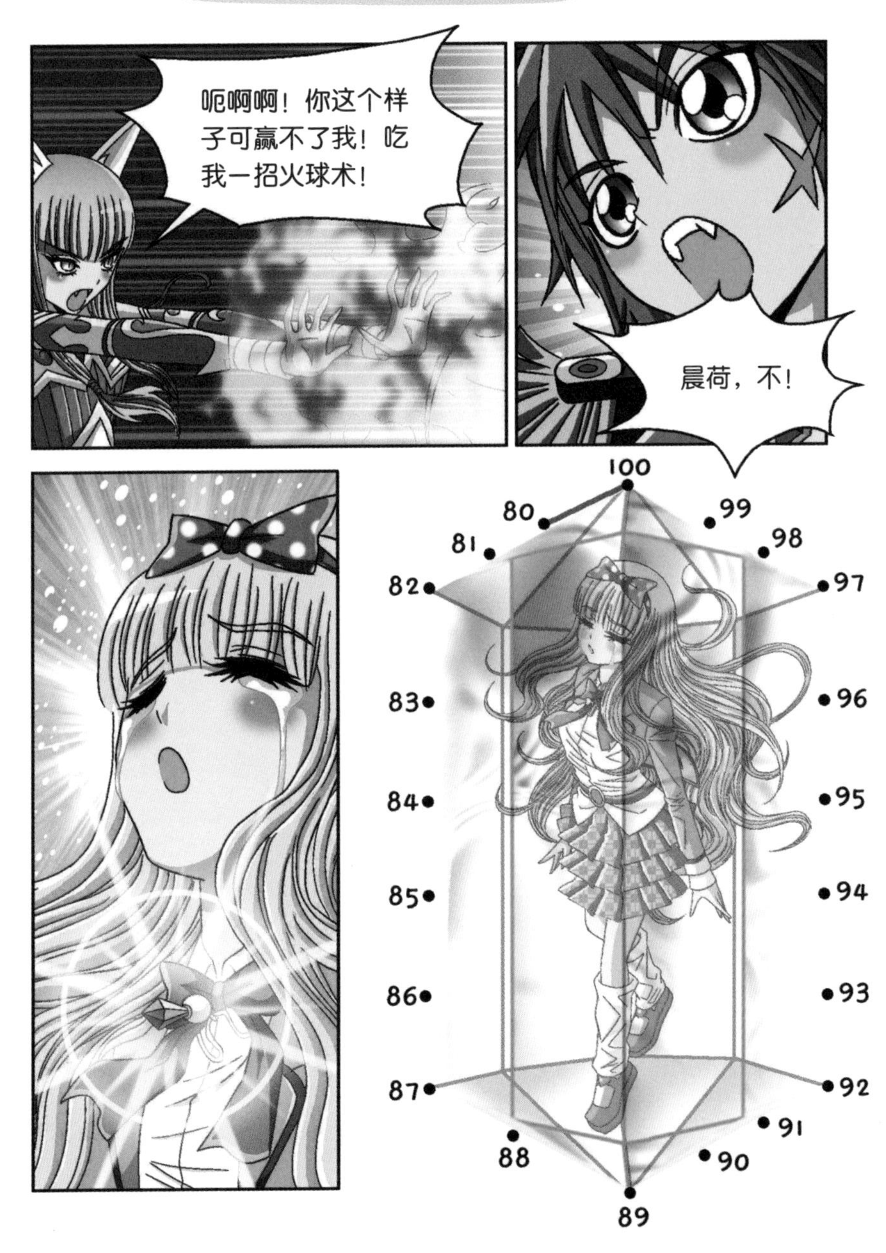

讲故事 学数学

故事1 数一数是十几

1. 我的朋友晨荷是一个四年级小学生。请读一读晨荷的年龄，并写出来。

（　　　　　　　　　　）

2. 晨荷的肚子饿了，下课的时候和雨菲一起去了小超市。晨荷想要买牛奶喝，数一数小超市一共有多少盒牛奶。

（　　　　　　　　　　）

答案见第135页

故事 2 两位数的学习

3. 雨菲今天又做了娃娃衣服。请数一数雨菲一共做了多少套娃娃衣服吧，把数字填写到下方□中。

每排 10 套，一共 2 排，共 □ 套。

4. 这是晨荷爸爸出国时候的登机口，请用两种方法写出这个数字。

(　　　　　　　　　　　　),(　　　　　　　　　　　　)

讲故事 学数学

故事 3 50 以内数的顺序

5. 尼路跟着空气中的清新气息来到了晨荷的学校。请将尼路跳跃的墙上被遮住的数字填写完整。

6. 道云喜欢拍照。下图是道云今天拍摄的照片，已按顺序摆放。请数一数晨荷的照片应该是第几张，填写到括号中。

答案见第135页

7. 偶像团体 Rookie 的队长东方在真一来到学校，就被女学生围起来索要签名。因需要按顺序签名，请帮在真将数字按顺序写在下面括号中。

(　　　　　　　　　　　　　　　　　　)

8. 雨菲为了给娃娃做衣服，正在准备材料。哪边材料更多，请在下面括号中画○。

(　　　　　)　(　　　　　)

讲故事 学数学

9. 晨荷妈妈给刚放学的晨荷蒸了一些包子，酸菜馅的 43 个，肉馅的 47 个。哪种馅的包子更多呢？

(　　　　　　　　　　　　)

10. 从晨荷的学校门口到遇到尼路的地方一共是 45 步距离，从遇到尼路的地方到晨荷家一共是 50 步距离。那么，遇到尼路的地方到晨荷的学校更远，还是到晨荷家更远？

(　　　　　　　　　　　　)

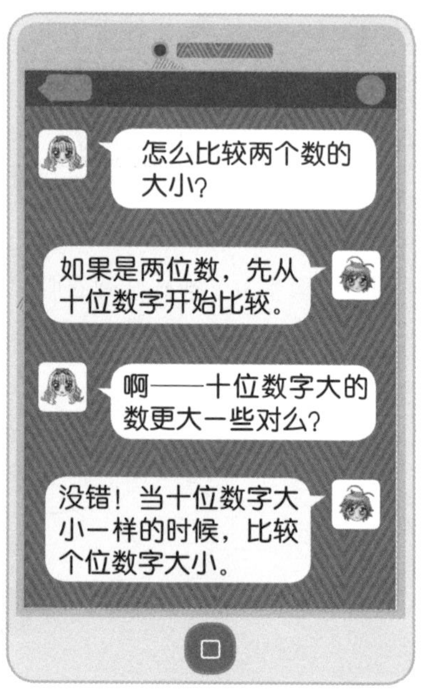

答案见第135页

11. 晨荷给饥饿的尼路香肠吃。数一数一共有多少根香肠，在正确的文字下方画○。

偶数 ， 奇数
（　　）（　　）

12. 道云转学过来后，晨荷班级一共有32名学生。此时的学生数是偶数，还是奇数？

（　　　　　　　　　　）

讲故事 学数学

故事 6 了解 60，70，80，90

13. 雅琳又折了 2 排纸星星，每排 10 个。加上之前折好的，一共有多少个纸星星？请用两种方法写出来。

(　　　　　　　　　　　)，(　　　　　　　　　　　)

14. 雅琳的妹妹夏林和弟弟世林帮雅琳又折了 10 个纸星星。现在一共有多少个纸星星？请在下方□内填写正确答案。

纸星星每排 10 个，一共 □ 排，共 □ 个。

答案见第135页

雅琳做了点心送给道云同学，请把点心的数量用阿拉伯数字写出来。

15.

（　　　　　　　　　　）

16.

（　　　　　　　　　　）

讲故事 学数学

故事 8 了解数的顺序

17. 晨荷在书店读书读得出神了，请问现在晨荷读到了第几页？

( )

18. 晨荷在书架上挑选了很多书，现在想要将它们放回原位，请帮助晨荷按顺序在□填写正确的数字。

(, ,)

答案见第135页

19. 从书店出来后，晨荷和尼路肚子饿了，走进了面包店。尼路一共能吃多少个面包？

（　　　　　　　　　）

20. 尼路和晨荷回家了。请问晨荷家住在多少号？

（　　　　　　　　　）

21. 晨荷在自己的秘密日记中写了自己成为“宝石精灵”的经过。“宝石精灵”的事情写在第几页？

（　　　　　　　　　）

22. 右图是道云这次考试的分数，语文和数学哪个科目分数更高呢？

（　　　　　　　　）

23. 晨荷和尼路面前是猫罐头和猫粮，猫罐头和猫粮哪种数量更多一些？

（　　　　　　　　）

答案见第135页

24. 晨荷想买比自己手中的糖罐数字更多的糖罐，请写下晨荷可以买的糖罐字母记号。

(　　　　　　　　　　)

25. 雨菲给尼路做衣服用了 72 颗红色珠子和 68 颗蓝色珠子。哪个颜色的珠子用得更多一些？

(　　　　　　　　　　)

26. 道云将这段时间拍的照片进行了分类，哪类照片拍得更多一些？

(　　　　　　　　　　)

·很久以前的人们怎样标记数字？

古代人们常常用在木头上刻画和在绳子上打结的方式标记数字。埃及人标记数字的方法挺独特。除了曾在石碑等地方刻画数字等象形文字，埃及人还用尼罗河边生长的纸草制作“纸莎草纸”，他们的记录方式由此改变了。

知道罗马数字吗？现在很多手表上还会标有罗马数字。罗马数字标记法中，IV（5−1=4）、VI（5+1=6）等可以很清楚地看出，V 左侧的数字用减法，V 右侧的数字用加法。在手表上，数字 4 常用 IIII 来代替 IV，这是因为，法国的太阳王路易 14 世（Louis XIV）更喜欢这种书写方式。

在巴比伦王国，会用楔子削尖一端在粘土上刻画，并用两个符号来表示数字。

在我国殷商时代使用的甲骨文和金文，演变到今天，形成了现在的中文数字。这些数字在计算的时候不使用，只用于记录。

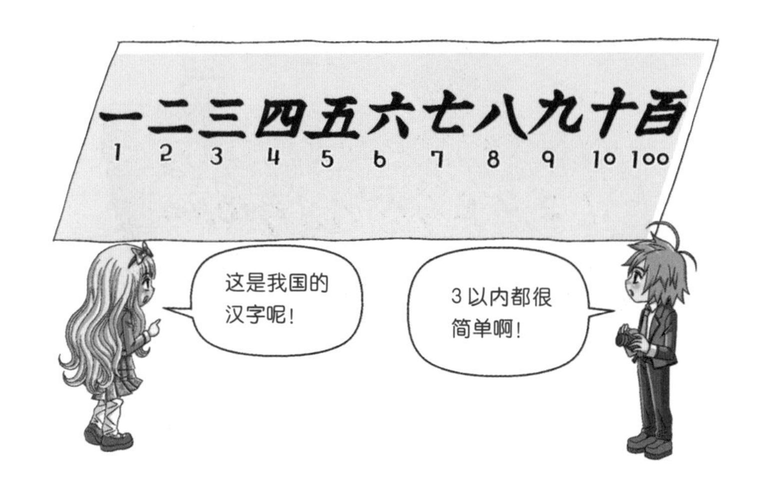

玛雅人是世界上最早意识到 0（zero）这个概念并开始使用的部族。玛雅数字竖着排列，只有 3 个符号，点、横，还有一个类似于数字 0 的圆圈模样的符号。

下面就是我们现在正在使用的印度 · 阿拉伯数字了。这个数字由印度人发明，由阿拉伯商人推广到了欧洲，因此被称为印度 · 阿拉伯数字。

测试

（1）6 的罗马数字标记法（　　　　　　　　　　）

（2）9 的罗马数字标记法（　　　　　　　　　　）

答案与解析

第1话 概念测试 58～59页

测试1

测试2 19；十　九

测试3 （从上到下）6，9，11，15，23，28，35，36，40，42，43，44，50

第2话 概念测试 118～119页

测试1 60；六十

测试2 纸鹤

测试3

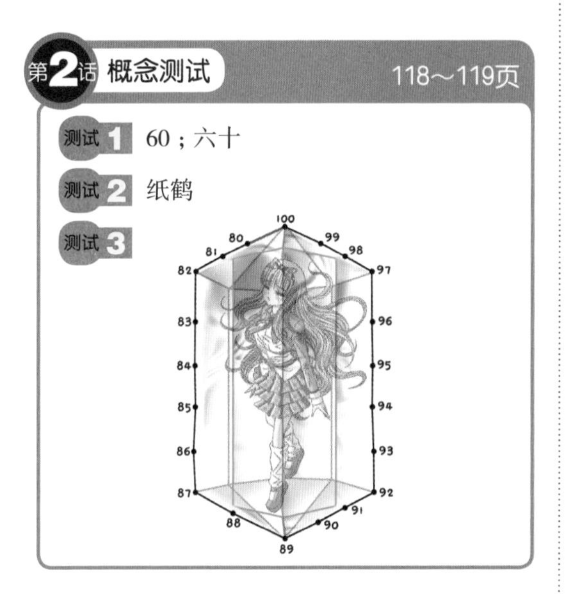

解析

2. 73 > 68，十位数上 7 > 6，因此雅琳折的纸鹤更多。

3. 从 80 到 100 用线按顺序连接数字。

讲故事 学数学 120～131页

1.	十一岁	14.	9，90
2.	15 盒	15.	97
3.	20	16.	88
4.	45，四十五	17.	67 页
5.	40，42	18.	97，99，100
6.	50	19.	79 个
7.	19，20，21，22	20.	83 号
8.	（○）（ ）	21.	90 页
9.	肉馅包子	22.	数学
10.	到家更远	23.	猫罐头
11.	在奇数上画○	24.	B E
12.	偶数	25.	红色珠子
13.	80，八十	26.	花的照片

解析

25. 72 的十位数比 68 的十位数大，因此 72 > 68，所以红色珠子更多。

26. 比较十位数的大小，83 的十位数最大，因此花的照片更多。

数学知识百科词典 134页

(1) Ⅵ　　(2) Ⅸ

（1） Ⅵ（5+1=6）可以用加法的形式书写表现。

ISBN 978-7-5108-3161-4

畅销经典

全系列共 4 册

定价：155.00 元

奥德赛数学大冒险 读者群：8~14 岁

◆ 8～14岁孩子喜欢的数学冒险小说

◆ 韩国畅销八年，韩国仁川小学、广运小学、新远中学等重点中小学数学老师纷纷推荐的课外必读书

◆ 北京人民广播电台金牌少儿节目主持人小雨姐姐、中国科普作家协会石磊大力推荐

◆ 涵盖小学二年级到中学二年级的重要数学概念，数学知识加上趣味故事的奇妙组合，让孩子们学起数学来事半功倍

◆ 小贴士、大讲座，幽默讲述数学历史和常识，让数学好学又好玩

有趣的数学旅行 读者群：7~14 岁

◆ 韩国数学知识趣味类畅销书No.1

◆ 韩国伦理委员会“向青少年推荐图书”

◆ 20年好评不断！持续热销100万册、荣登当当少儿畅销榜

◆ 荣获韩国数学会特别贡献奖、韩国出版社文化奖、首尔文化奖等多项重量级大奖

◆ 中国科学院数学专家、中国数学史学会理事长李文林，著名数学家、北大数学科学院教授张顺燕，北京四中、十一学校、八十中学等名校数学特级教师倾情推荐

◆ 2011年理科状元、奥数一等奖得主称赞不已

ISBN 978-7-5108-3162-1

全系列共 4 册

定价：148.00 元

有趣的数学旅行 1 数的世界

那些极有个性的数字组成的问题和有趣的解题过程！

让我们扬帆起航，去寻找数学中的奥秘！

有趣的数学旅行 2 逻辑推理的世界

历史与生活中蕴含着推理的错误，让我们寻找一个合理的思考方式，打下扎实的基础，进行一次有趣的头脑训练吧！

有趣的数学旅行 3 几何的世界

学习几何学的历史，洞察几何学原理，通过生活中的几何问题培养直观的数学能力！

有趣的数学旅行 4 空间的世界

数学创造出各种各样的空间，让我们一起去探索隐藏其中的数学秩序吧！

在多种空间组成的谎言中寻找数学的真理！

安野光雅“美丽的数学”系列 读者群：3~12 岁

◆“安徒生图画奖”大奖得主、国际顶尖绘本大师安野光雅代表作

◆“日本图画书之父”松居直、“台湾儿童图画书教父”郑明进赞赏不已的绘本大师

◆日本绘本大师安野光雅倾心绘制，带领孩子们走进美丽的绘本世界

ISBN 978-7-5108-4144-6

畅销经典

全系列共 5 册

定价：145.00 元

安野光雅不是简单地把数学概念灌输给孩子，而重在把数学的本质蕴含其中，让孩子去体悟。书中不是单纯地讲数学，更重在启发儿童从不同角度看待事物、发现问题和尝试解决问题的思考方式，培养孩子的逻辑思维能力，提高综合素质，让孩子以简单、科学的方式走近数学，爱上数学，为孩子创造了一个充满了好奇的快乐世界。

奇妙的种子

三只小猪

帽子戏法

十个人快乐大搬家

壶中的故事

ISBN 978-7-5108-3324-3

畅销经典

全系列共 5 册

定价：88.00 元

图书在版编目（CIP）数据

数学秘密日记．1 / 杜勇俊文图．-- 北京 ：九州出版社，2018.4

ISBN 978-7-5108-6774-3

Ⅰ．①数… Ⅱ．①杜… Ⅲ．①儿童小说－中篇小说－中国－当代 Ⅳ．① I287.45

中国版本图书馆 CIP 数据核字（2018）第 053333 号

数学秘密日记 1

作　　者　杜勇俊 文・图
出版发行　九州出版社
地　　址　北京市西城区阜外大街甲 35 号（100037）
发行电话　（010）68992190/3/5/6
网　　址　www.jiuzhoupress.com
电子信箱　jiuzhou@jiuzhoupress.com
印　　刷　北京兰星球彩色印刷有限公司
开　　本　710 毫米 ×1000 毫米　16 开
印　　张　8.75
字　　数　18 千字
版　　次　2018 年 10 月第 1 版
印　　次　2018 年 10 月第 1 次印刷
书　　号　ISBN 978-7-5108-6774-3
定　　价　29.80 元